Sakthivel Muthu
Palani Perumal

Detecção de lisozima em plantas tuberosas e látex Calotropis procera

Sakthivel Muthu
Palani Perumal

Detecção de lisozima em plantas tuberosas e látex Calotropis procera

Estudos sobre detecção e análise da atividade lisozima em algumas plantas tuberosas e látex de Calotropis procera

ScienciaScripts

Imprint
Any brand names and product names mentioned in this book are subject to trademark, brand or patent protection and are trademarks or registered trademarks of their respective holders. The use of brand names, product names, common names, trade names, product descriptions etc. even without a particular marking in this work is in no way to be construed to mean that such names may be regarded as unrestricted in respect of trademark and brand protection legislation and could thus be used by anyone.

Cover image: www.ingimage.com

This book is a translation from the original published under ISBN 978-620-2-52057-7.

Publisher:
Sciencia Scripts
is a trademark of
Dodo Books Indian Ocean Ltd., member of the OmniScriptum S.R.L Publishing group
str. A.Russo 15, of. 61, Chisinau-2068, Republic of Moldova Europe
Printed at: see last page
ISBN: 978-620-0-86677-6

Estudos sobre a detecção e análise da actividade lisozima em algumas plantas tuberosas e látex de *Calotropis procera*

Título curto: Detecção de lisozima em plantas tuberosas e Calotropis procera latex

Sakthivel Muthu*, Palani Perumal

Centro de Estudos Avançados em Botânica, Universidade de Madras, Campus Guindy, Chennai, Tamiladu-600025, Índia.

* Nome e endereço postal do autor correspondente: Sakthivel Muthu, saktthivel@gmail.com

ÍNDICE

1. INTRODUÇÃO

A natureza antibacteriana das enzimas foi testemunhada pela primeira vez por Alexander Fleming (Fleming, 1922). Ele tratou uma cultura de bactérias em placas com amostras do seu próprio muco nasal, e com o tempo as bactérias perto do muco se dissolveram. As células bacterianas pareciam dissolver-se porque as suas células estavam a ser lisadas ou quebradas. Assim, ele chamou a lisozima enzimática. Embora a lisozima não se tenha revelado um antibiótico para todos os fins, verificou-se subsequentemente que a lisozima é produzida por uma grande variedade de organismos, incluindo bacteriófagos, bactérias, plantas e animais. Fleming recebeu o Prémio Nobel em 1945 pela sua descoberta da penicilina no campo da fisiologia ou da medicina (Neu, 1985).

As lisozimas são definidas como 1, 4-β-N-acetlymuramidases que separam a ligação glicosídica entre o C-1 do ácido N-acetilmumárico e o C-4 da N-acetilglicosamina no pepticoglicano bacteriano (During, 1994). Algumas lisozimas apresentam uma actividade mais ou menos pronunciada de quitinase (EC 3.2.1.14) correspondente a uma hidrólise aleatória de 1,4-β-N-acetilglucosamina na quitina (Mihelič et al., 2017).

A lisozima é encontrada na clara do ovo, lágrimas e outras secreções. É responsável pela quebra das paredes de polissacarídeos de muitos tipos de bactérias e, portanto, proporciona alguma protecção contra infecções. Foi também encontrada actividade lisozima em bactérias, bacteriófagos e plantas e em leucócitos humanos, secreções nasais, saliva e lágrimas (Alhazmi et al., 2014; Parisien et al., 2008). A lisozima de clara de ovo (EC 3.2.1.17) é uma enzima de 14,4 kDa que danifica a parede celular bacteriana ao catalisar a hidrólise de ligações 1, 4-β entre o ácido N-acetilmurâmico e os resíduos de N-acetil D-glucosamina num peptidoglicano e entre os resíduos de N-acetil-D-glucosamina. É abundante em várias secreções, tais como lágrimas, saliva e muco. A lisozima está também presente nos grânulos citoplasmáticos dos neutrófilos polimorfonucleares, embora uma grande quantidade de lisozima possa ser encontrada na clara de ovo de galinha (Tullio et al., 2015; Wang et al., 2005).

Foram detectados Lysozymes em 138 espécies de entre 352 espécies vegetais. Foram encontradas isoormas de lisozimas em espécies pertencentes a Cruciferae, Euphorbiaceae, Gramineae, Leguminosae, Umbelliferae, Moraceae e Solanaceae. As plantas pertencentes às seguintes famílias Araceae, Araliaceae, Caprifoliaceae, Chenopodiacceae, Libiaceae, Ranunculaceae e Scrophulariaiceae apresentaram três isoformas de lisozima (Audy et al., 1990). As espécies pertencentes à família Violaceae apresentavam isoformas de lisozima. Entre as gimnospérmicas a actividade da lisozima foi encontrada no extracto foliar de *Taxus* e entre as bryophytes apenas as folhas de *Sphagnum* mostraram actividade da lisozima. As plantas pertencentes à pteridófita não apresentavam actividade lisozima (Painter e Christensen, 2003).

Foi feito um esforço nesta dissertação para detectar a ocorrência de lisozimas em plantas tuberosas como *Raphanus sativus* (Brassicaceae), *Zingiber officinale* (Zingiberaceae), *Daucus carota* (Apiaceae), *Solanum tuberosum* (Solanaceae), *Ipomea batatas* (Solanaceae), *Arisaema triphyllum* (Araceae) e do látex dos *Calotropis procera* (Asclepiadaceae) utilizando procedimentos de colorimetria e coloração em gel sobre SDS-PAGE. Foram também feitos esforços para purificar parcialmente a lisozima do látex de *Calotropis procera* com diferentes saturações de sulfato de amónio e os resultados obtidos têm sido discutidos com a literatura disponível.

2. REVISÃO DE LITERATURA

Mais de 12.000 espécies vegetais são produtoras de látex e os fluidos de laticínios são frequentemente reportados como possuindo actividades e aplicações biológicas relevantes (Castelblanque et al., 2017; Lewinsohn, 1991). Recentemente, a planta *C. procera* recebeu especial atenção devido a actividades relevantes distintas que se verificou estarem presentes no seu látex (Arya e Kumar, 2005; Suresh Babu e Karki, 2011). A fábrica *C. procera* é um arbusto não cultivado de distribuição geográfica que abrange a Ásia, a África e o Nordeste da América do Sul. Os usos medicinais da planta estão bem documentados nas regiões mais pobres da Índia e muitas das propriedades curativas da planta foram relatadas (Iqbal et al., 2005). Similar à *Hevea brasiliensis* e *C. procera* produz uma quantidade apreciável de látex endógeno que pode ser facilmente colhido das folhas mais jovens quando estas são danificadas. As propriedades farmacológicas do látex incluem actividades pró e anti-inflamatórias, antipiréticas e antidiarreicas, entre outras (Agrawal e Konno, 2009; Kumar et al., 2001). Estima-se que a fracção de borracha e as proteínas solúveis compreendem 84% e 9% da matéria seca do látex de *C. procera*, respectivamente.

As proteínas são uma das macromoléculas importantes encontradas em todas as células vivas (Damodaran, 2017). São os polímeros de diferentes aminoácidos. Existem 20 aminoácidos diferentes que produzem estas proteínas. Estes aminoácidos são moléculas orgânicas anfotéricas com um grupo de aminoácidos numa extremidade e um grupo carboxílico na outra extremidade (Damodaran, 2017). A proteína das sementes de cereais foi uma das primeiras a ser estudada. O isolamento do glúten de trigo e das proteínas foi isolado a partir da cevada e do centeio. A primeira caracterização, classificação e nomenclatura das proteínas vegetais (Schalk et al., 2017).

2.1. Lysozyme

As lisozimas (1,4-β-N-acetilmuramidases; EC: 3.2.1.17) são enzimas hidrolíticas relativamente pequenas com uma actividade hidrolítica específica contra a componente da parede celular bacteriana, o peptidoglicano (Murein). Os lisozimas clivam o peptidoglicano perturbando as ligações glicosídicas β-1,4 que ligam o carbono C-1 do ácido N-acetilmurâmico e o carbono C-4 da N-acetilglucosamina (Sharon, 1967). A lisozima foi descoberta por Fleming em raiz de nabo (Bernier et al., 1971).

2.2. Estrutura e função

A lisozima é uma proteína elipsoidal assimétrica com uma longa fenda ou vale que percorre o comprimento de um dos lados da molécula. Esta fenda contém o local activo da enzima que liga o substrato de hidratos de carbono. Trata-se de uma enzima altamente específica que acomoda apenas seis açúcares de um polissacárido e os cliva num dissacárido e numa subunidade de tetrasacárido. Os substratos comuns incluem os polissacáridos quitina e peptidoglicanos (também conhecidos por mureína) encontrados nas paredes das células bacterianas. A lisozima hidrolisa especificamente as ligações 1-4 glicosídicas onde reside o átomo de oxigénio que liga o anel de açúcar do ácido N-acetilmurâmico à N-acetilglucosamina. Nos bacteriófagos, a lisozima é activa tanto na entrada do ADN viral no hospedeiro como na saída dos vírus maduros (Sharon, 1967). A lisozima, em associação com a região caudal do bacteriófago, dissolve a parede celular do peptidoglicano no ponto de entrada e, em seguida, o bacteriófago injecta o seu ADN. Após este ADN comprometer a maquinaria celular do hospedeiro e criar novos vírus, é criada mais lisozima para liozar ainda mais a parede celular bacteriana, libertando os vírus maduros. Nas células eucariotas, a lisozima é utilizada para lisar as paredes celulares de algumas bactérias infecciosas. No homem, está presente nas lágrimas e secretada pelos macrófagos leucócitos. O seu grande tamanho em relação ao espaçamento entre a maioria das células limita a sua capacidade como antibiótico de largo espectro (em oposição à penicilina). É também limitada na sua capacidade de lixiviar as paredes celulares de todas as bactérias.

A parede celular do peptidoglycan compõe 10% do peso seco das bactérias gram-negativas, enquanto que 20-25% do peso seco das bactérias gram-positivas. Assim, as bactérias gram-negativas têm paredes celulares mais finas que as bactérias gram-positivas (Vollmer et al., 2008). Esta distinção estrutural está correlacionada com o facto de as bactérias gram-positivas terem uma camada lipídica dentro da parede celular, enquanto as bactérias gram-negativas têm duas camadas lipídicas, sanduichando a sua parede celular. Como a parede celular do peptidoglicano parece mais protegida nas bactérias gram-negativas, parece lógico que a lisozima seja mais activa contra as bactérias gram-positivas. Na realidade, a lisozima é mais activa contra as bactérias gram-negativas. A parede celular peptidoglicano das bactérias gram-positivas é demasiado espessa. Para aceder à parede celular mais fina das bactérias gram-negativas, complementar as proteínas que circulam no plasma sanguíneo formam poros na membrana lipídica externa (Vollmer et al., 2008).

A importância da lisozima também tem sido estudada noutros organismos. A lisozima de clara de ovo de galinha tem sido um tema favorito de investigação devido à sua abundância e facilidade de cristalização. Esta lisozima é criada pela galinha mãe antes da calcificação da casca e é incorporada no ovo em desenvolvimento através da endocitose. Na clara do ovo funciona como um antibiótico, como nos humanos. A fim de detalhar as muitas relações entre as estruturas moleculares e a função desta enzima, ela foi mutada, projetada e exposta a uma variedade de ambientes químicos (Shahmohammadi, 2018).

2.3.   Evolução da sequência e da estrutura

Uma vez que a lisozima é produzida por uma grande variedade de organismos, a análise das suas sequências e estruturas tem fornecido um exemplo interessante de evolução em acção. Por exemplo, uma comparação de cinco sequências de proteínas vizinhas da lisozima de ganso mostra que a semelhança das sequências é altamente variável (Simpson et al., 1980). Os lisozimas de ganso, cisne e avestruz contêm cada um 129 aminoácidos enquanto o frango, o rato e o fago, têm 150, 213, e 181 aminoácidos, respectivamente. Da mesma forma, em comparação com a sequência de ganso, o cisne preto, a avestruz, o frango, o humano, o rato e o fago de *Bacillus subtilis* têm percentagens de identidade de 96, 83, 80, 44, 43 e 25%, respectivamente. O alinhamento da sequência mostra que existem também aminoácidos conservados (Canfield, 1963).

Uma representação filogenética da comparação destes e de outras sequências vizinhas produz uma árvore filogenética é consistente com as relações evolutivas padrão entre estes organismos e os seus grupos taxonómicos mais gerais. Uma comparação das sequências proteicas de três dos vizinhos estruturais da lisozima do ganso mostra que as semelhanças de sequências não são responsáveis pelas semelhanças estruturais.

Por outras palavras, as proteínas lisozimas destas quatro espécies podem parecer e funcionar de forma semelhante, embora as suas sequências tenham poucos ou nenhuns aminoácidos conservados. Embora as sequências não sejam semelhantes nestas quatro espécies, uma comparação visual das lisozimas de galinha e de fago T4 mostra que ambas mantêm a forma elipsóide assimétrica e a longa fenda ao longo de um dos lados da enzima. Ambas retêm o ácido glutâmico no local 35 e o ácido aspártico no local 52 na fenda. Estes aminoácidos são responsáveis pela acção catalítica que hidrolisa as ligações entre os monómeros de açúcar nos polissacáridos (Weaver et al., 1985).

2.4. Distribuição de lisozimas nas plantas

Fleming detectou lisozima em plantas durante o seu estudo das actividades líticas em vários materiais biológicos, especialmente em nabos (Fleming, 1922). Subsequentemente, Mayer et al e Smith etal observaram que as preparações brutas de proteinases vegetais, ficina e papaína continham uma rica actividade lisozima (Meyer, Hahnel e Steinberg, 1946; Zare *et al.*, 2013). Em seguida, um derivado cristalino de mercúrio de uma lisozima foi isolado da papaia, mas era de natureza heterogénea (Smith et al., 1955). Uma lisozima homogênea foi posteriormente purificada da mesma planta em látex seco (Howard e Glazer, 1967; Monti et al., 2000) e cinco resíduos terminais N foram obtidos (A. N. Glazer et al., 1969). Lysozymes também foram isolados e caracterizados a partir do látex de figo, *Hevea brasiliensis (Martin, 1991)*. Além do látex contendo plantas, lysozymes também foram estudados a partir de outras espécies de plantas. Bernasconi et al purificaram uma lisozima das culturas de calos de *Rubus hispidus* e induziram lisozima nos tecidos de calos usando bactérias, fungos e polissacáridos (Bernasconi et al., 1987). Uma lisozima básica e muito poderosa foi purificada a partir das culturas de calos de *Parthenocissus quinquifolia (Bernasconi et al., 1987)*. Audy et al. (1988) lisozima purificada a partir do gérmen de trigo (Audy et al., 1988b). Duas isoformas de lisozima foram detectadas e purificadas a partir do látex de *Asclepias syriaca (James Brockbank e Lynn, 1979)*. Mais recentemente, quatro quitinases ácidas e uma básica purificadas a partir dos tecidos do calo do *Citrus sinensis* exibiram actividade lisozima (Möder et al., 1999). Audy et al. rastrearam 410 espécies de plantas representando 116 famílias de lisozimas. Foi demonstrado que um número total de 168 espécies pertencentes a 71 famílias contêm lisozimas. Segundo eles, mesmo as gimnospérmicas e as bryophytes contêm lisozima (Audy et al., 1988b).

2.5. Actividade lisozima em folhas

Foram detectados Lysozymes em 138 espécies de entre 352 espécies vegetais. Foram encontradas isoormas de lisozimas em espécies pertencentes a Cruciferae, Euphorbiaceae, Gramineae, Leguminosae, Umbelliferae, Moraceae e Solanaceae. As plantas pertencentes às famílias Araceae, Araliaceae, Caprifoliaceae, Chenopodiacceae, Libiaceae, Ranunculaceae e Scrophulariaiceae apresentaram três isoformas de lisozima. As espécies pertencentes à família Violaceae apresentavam isoformas de lisozima. Entre as gimnospérmicas, a actividade da lisozima foi encontrada no extracto foliar de *Taxus* e entre as bryophytes apenas as folhas de Sphagnum apresentavam actividade lisozimática. As plantas pertencentes à pteridófita não apresentavam actividade lisozima (Beintema e Terwisscha van Scheltinga, 1996).

2.6. Actividade lisozima em sementes

Foram rastreadas 84 espécies, incluindo Gramineae e 28 outras famílias, para detectar a presença de lisozima, das quais 45 apresentavam actividade lisozima. As sementes homogeneizadas da maioria dos membros da família Cruciferae, Cucurbitaceae e Gramineae apresentaram actividade lisozima (Audy et al., 1990).

2.7. Actividade lisozima em frutas e legumes

Frutas e legumes de 28 espécies vegetais pertencentes a 15 famílias foram submetidos a um rastreio para detecção da actividade lisozima, das quais 20 apresentavam actividade lisozima. Os legumes pertencentes à família Cruciferae apresentaram um elevado nível de actividade lisozimática. Foi igualmente observada actividade lítica nos extractos de Espargos (litiaceae), Abacate (Lauraceae), Cenoura e Aipo (Umbelliferae), Pimenta Verde e Batata (Solanaceae), Pepino (Cucurbitaceae) e Laranja (Rutaceae) (Audy et al., 1990).

2.8. Massa molecular de lisozimas vegetais

A massa molecular dos lisozimas purificados variava entre 25-32 kDa. A lisozima de papaia caracterizada por Smith et al (1955) e Howard & Glazer (1967) apresentava uma massa molecular de 25 kDa. A lisozima de figo tinha uma massa molecular aparente de 29 kDa (a N. Glazer et al., 1969) e a lisozima de couve-flor tinha 21,7 kDa (Ereifej e Markakis, 1980). Uma lisozima de 32 kDa foi purificada a partir das culturas de calo de *Rubus hispidus (Bernasconi et al., 1985)* e a lisozima isolada dos tecidos de calo de *Parthenocissus quinquifolia* mostrou uma massa molecular de 30,3 kDa (Bernasconi et al., 1987).

2.9. Influência da temperatura em lisozimas

As temperaturas ligeiramente mais elevadas parecem ter influência nas actividades das lisozimas vegetais que têm sido caracterizadas até há pouco tempo. A lisozima de gérmen de trigo apresentou uma actividade máxima de 60°C e um aumento da temperatura para além dos 60°C diminuiu a actividade enzimática (Audy et al., 1988a). Embora a lisozima tenha sido purificada e caracterizada a partir da papaia, figo e *Asclepias syriaca*, a sua temperatura optima não foi dada. No entanto, foram realizados ensaios a 37°C (a N. Glazer et al., 1969; Howard e Glazer, 1967; Lynn, 1989). Os ensaios de lisozima para os extractos de *Rubus hispidus* e *Parthenocissus quinquifolia* foram realizados a 56°C (Bernasconi et al., 1987, 1985).

2.10. Papel das lisozimas vegetais na resistência às doenças

As lisozimas vegetais caracterizadas assim para o látex papaia (Howard e Glazer, 1967), Fig (Howard e Glazer, 1969), cabeças de couve-flor (Ereifej e Markakis, 1980), látex de *Hevea brasiliensis (Martin, 1991), Rubus hispidus (Bernasconi et al., 1985), Parthenocissus quinqurfolia (Bernasconi et al., 1987), Asclepias syriaca (Lynn, 1989).* Gérmen de trigo (Audy et al., 1988a),

Tabaco (Zhang et al., 2005), Feijão (Wang et al., 2011), Batata e *Citrus sinensis* *(Chandan e Ereifej, 1981; Mayer et al., 1996)*exibiu actividades tanto de lisozima como de quitinase. Estas enzimas não possuem substratos endógenos conhecidos no sistema vegetal, mas os substratos presentes em bactérias e fungos patogénicos. As paredes celulares destes organismos são constituídas, respectivamente, por peptidoglicano e quitina, estando prevista uma possível acção hidrolítica destas enzimas. A actividade antibacteriana de uma lisozima isolada do calo do tabaco foi estabelecida quando o calo do tabaco foi cultivado num relvado de *Erwinia cartovora*, surgiram rapidamente halos de bactérias líticas (Düring, 1993).

Um gene da lisozima humana, montado pela ligação escalonada de oligonucleótidos quimicamente sintetizados, foi introduzido no tabaco pela transformação mediada por Agrobacterium. O produto genético introduzido acumulou-se nas plantas transgénicas do tabaco que mostraram uma maior resistência contra *Erysiphe sp (Nakajima et al., 1997)*. A lisozima do tabaco transgénico inibiu tanto a formação conidial como o crescimento micelial de *Erysiphe sp (Takakura et al., 2004)*, e inibiu o crescimento da bactéria fitopatogénica, *Pseudomonas syringae* pv. *tabaci (Keller et al., 1999)*.

Do mesmo modo, o fago T4 foi introduzido em plantas de colza e tomateiro do tipo Inverno e Verão por transformação mediada por Agrobacterium. As plantas transformadas apresentaram uma maior tolerância à *Phoma lingam*, o agente causal da doença do pé negro e o mecanismo de resistência conferido pelo gene da lisozima T4 esteve sempre activo e foi demonstrado pelo desenvolvimento temporal dos sintomas da doença (Bates et al., 2017; Liu et al., 2015).

2.11. Lysozymes em bactérias

Foram detectadas várias formas moleculares de enzimas líticas capazes de atacar a parede celular bacteriana em extractos bacterianos obtidos a partir das preparações da parede celular bruta. Os extractos da parede celular de *Clostridium perfringens, Staphylococcus aureus, Streptococcus faecalis* e *Staphylococcus pygenes* apresentaram 15, 7, 13 e 3 formas de hidrolases, respectivamente. Contudo, estas enzimas hidrolíticas não foram descritas como lisozimas (Leclerc e Asselin, 1989). A actividade lisozima pôde ser observada na cultura de *Streptomyces erythaeus (Price and Storck, 1975).*

Uma estirpe de *Pseudomonas putida,* tolerante à lisozima (estimulante do crescimento da planta, antagonista do patogéneo que provoca o pé negro e a podridão mole) foi capaz de colonizar as raízes das batatas transgénicas durante a floração significativamente melhor do que a bactéria *Serratia grimesii,* sensível à lisozima (estimulante do crescimento da planta, antagonista do patogéneo que provoca a murchidão de Verticillium). A resistência à *Erwinia carotovora,* o patogéneo que causa podridão mole e perna preta, foi produzida pela transferência do gene de uma lisozima da bactéria T4 para o genoma vegetal da batata (Serrano et al., 2000). As lisozimas atacam a parede celular bacteriana e fúngica e causam a sua dissolução (lise) (Lottmann et al., 1999).

2.12. Lysozymes em fungos

A lisozima da fonte fúngica foi observada a partir do filtrado de *Chalaropsis sp.* Esta lisozima também possuía β-1,4-N, actividade 6.0 diacetil-muramiolase (Haran et al., 1995). Em geral, a literatura sobre lisozima fúngica é escassa.

2.13. Lysozymes nos alimentos

A lisozima é de interesse para utilização em sistemas alimentares, uma vez que se trata de uma enzima com actividade antimicrobiana que ocorre naturalmente. É uma enzima importante que tem demonstrado ser eficaz como conservante de queijo, leite de vaca, cerveja, saladas e vinhos (Al-Baarri et al., 2018; Liburdi et al., 2014). A lisozima é também o principal ingrediente proteico, actuando como conservante inerente em muitos produtos alimentares, como a clara de ovo e o leite. O campo eléctrico pulsado seria aplicado a estes produtos para reduzir a carga microbiana, pelo que é necessário compreender os efeitos do campo eléctrico pulsado na sua actividade e estrutura. Além disso, a lisozima foi escolhida devido à sua disponibilidade e ao nosso conhecimento detalhado das suas propriedades moleculares, incluindo a sequência e a estrutura. A lisozima é uma proteína globular monomérica relativamente pequena, contendo elementos estruturais (três secções de a-helix, uma folha pregueada antiparalela, e uma sequência dobrada de forma irregular) comumente encontrada em proteínas (Zhao e Yang, 2010). Além disso, a lisozima é muito estável contra o calor devido à sua molécula compactamente dobrada (Liburdi et al., 2014); é fácil diferenciar qualquer efeito térmico de nenhum efeito térmico do campo eléctrico pulsado sobre a enzima.

2.14. Papel da lisozima

A lisozima em invertebrados pode talvez servir como um sistema de protecção rudimentar, uma vez que estes organismos não produzem imunoglobulinas. A lisozima existe em elevada concentração na clara do ovo das aves. O ovo e o embrião em desenvolvimento não contêm imunoglobulinas até 7 dias antes da eclosão. Por conseguinte, concentrações elevadas de lisozima na clara do ovo podem estar relacionadas com a vigília protectora até o embrião ter a capacidade de produzir imunoglobulina (Audy et al., 1988a). Nas plantas, a presença de lisozima poderia estar relacionada com o seu envolvimento na resistência às doenças das plantas, uma vez que a maior parte da lisozima possuía actividades tanto de lisozima como de quitinase e um papel contra os microrganismos portadores de quitina não é irrazoável (Jolles and Jolles, 1984). As provas de que a lisozima está envolvida na resistência a doenças vieram do trabalho de Nagajima et al., (1997), quando expressaram um gene da lisozima humana em plantas de tabaco e o produto genético clonado acumulado em plantas transgénicas. As plantas transgénicas do tabaco mostraram maior resistência contra o fungo *Erisiphe cichoracearum* e a lisozima dessas plantas inibiu a formação conidial e o crescimento de micélios (Nakajima et al., 1997). A enzima expressa poderia também reduzir fortemente o crescimento de *Pseudomonas syringae* pv. *tabaci*. O papel da lisozima em fungos ainda não está estabelecido, a lisozima produzida pela *Calaropsis sp.* poderia ser a de se defender contra as bactérias que se desenvolvem no solo.

2.15. Aplicação farmacêutica da lisozima

A lisozima de clara de ovo de galinha tem sido utilizada isoladamente ou em combinação com antibióticos (tetraciclina, bacitracina), enzimas ou (α-amilase, papaína), vitaminas, etc. (Carrillo et al., 2014; Ibrahim, 1998).

3. MATERIAIS E MÉTODOS

Os métodos para a preparação de tampões e técnicas fitopatológicas foram geralmente seguidos, respectivamente, do Biochemistry Handbook (Whistler, 1962) e do Plant Pathologist's Pocket book (Shattock, 2002).

3.1. Fontes vegetais

Vegetais como *Raphanus sativus* (Brassicaceae), *Zingiber officinale* (Zingiberaceae), *Daucus carota* (Apiaceae), *Solanum tuberosum* (Solanaceae), *Ipomea batatas* (Solanaceae), *Arisaema triphyllum* (Araceae) e *Calotropis procera* (Asclepiadaceae) latex foram colhidos em Chennai, Tamilnadu, Índia e nos arredores.

3.2. Preparação do extracto enzimático bruto das espécies de plantas tubérculos

Os tubérculos aparentemente saudáveis foram lavados várias vezes com água destilada, manchados e moídos numa argamassa pré-arrefecida e pilão com areia lavada com ácido a 4°C. Foram obtidos tubérculos homogeneizados (1 g/3 ml; p/v) utilizando tampão Tris-HCl (50 mM; pH 7,0), tampão Tris-HCl (50 mM; pH 8,5), tampão acetato de sódio (50mM; pH 5,0) e tampão fosfato (50 mM; pH 7,0) com quantidade equivalente de areia lavada ácida. O tampão de extracção incluiu 0,1% de ácido ascórbico e 0,001% de polipirrolidona de polivinilo. O homogeneizado foi filtrado através de 4 camadas de pano de queijo e o filtrado foi centrifugado a 10.000 g (Beckman J2-21 centrifuga, EUA) durante 20 min. a 4°C. O sobrenadante claro foi utilizado como fonte enzimática.

3.2.1. Preparação em látex

O látex bruto de plantas não cultivadas e saudáveis foi recolhido em água destilada (proporção 1:1) em tubos de plástico que foram agitados suavemente, fechados e mantidos à temperatura ambiente (25-28ºC) até serem manuseados em laboratório. As amostras foram inicialmente submetidas a centrifugação a 25 °C durante 10 min numa centrifugadora de bancada.

3.3. Preparação do reagente proteico

Cem miligramas de Coomassie Brilliant Blue G-250 (Sigma Chemical Co., EUA) foram dissolvidos em 50 ml de etanol a 95% (v/v). Cem mililitros de ácido ortofosfórico a 85% (v/v) foram adicionados à solução acima referida. O volume foi misturado cuidadosamente e o volume foi perfazido até um litro com água destilada. O reagente foi filtrado através do papel de filtro Whatman No.1 e armazenado em frasco âmbar a 4°C até nova utilização.

3.3.1. Estimativa das proteínas

Para a estimativa das proteínas foi utilizado um homogeneizado de tubérculos e do látex sem células de volume conhecido. O volume do extracto e do látex foi perfazido até 1 ml com água destilada e ao qual foram adicionados 5,0 ml de reagente de Bradford. O produto foi misturado bem e imediatamente lido a 595 nm com um espectrofotómetro (Shimadzu, Japão). O teor de proteínas foi calculado utilizando um gráfico padrão construído com albumina de soro bovino (Sigma Chemical Co., EUA).

3.4. Ensaio para lisozima

3.4.1. Preparação do substrato

Uma quantidade conhecida (5mg) das paredes celulares liofilizadas de *Micrococcus lysodeikticus* foi dissolvida em 1,0 ml de tampão de acetato de sódio (50 mM; pH 5,0). Desta reserva, 60 µl da suspensão foram utilizados para chegar a 300 µg/3,0 ml de mistura de reacção.

3.4.2. Ensaio lisozima

A actividade lisozima foi medida como a taxa de lise das paredes celulares do *M. lysodeikticus.* A uma quantidade conhecida de proteínas (250 µg), foram adicionados 60 microlitros da reserva de substrato, tal como preparado acima, e o volume foi perfazido até 3,0 ml com tampão de acetato de sódio (50 mM; pH 5,2). A mistura de reacção foi incubada a 37°C e a diminuição da absorvância foi registada. A actividade enzimática foi monitorizada a 570 nm no espectrofotómetro de Shimadzu e a actividade enzimática foi calculada como a quantidade de proteína necessária para diminuir o valor da absorvância em 0,01 unidades.

3.5. Preparação de soluções para SDS-PAGE

A SDS-PAGE foi realizada em géis de poliacrilamida (10% p/v de gel separador e 5% p/v de gel empilhador) de acordo com o protocolo descrito por Laemmli (1970). Foram preparados e utilizados os seguintes reagentes.

Reagente A-Tris   - tampão HCl (3 M; pH 8,8)

Reagente B-Tris   - Tampão HCl (0,5 M; pH 6,8)

Reagente C-Acrilamida   (30 %) e bisacrilamida (0,8 %)

Reagente D-Ammonium   persulfato (10% p/v)

Reagente E-Sodium   dodecyl sulfate (10% p/v)

Reagente F-N   .N.N.N' N'-Tetrametiletilenodiamida (TEMED)

3.5.1. Tampão electroforético (Tampão-tanque)

Tris (hidroximetil) aminoetano-3   ,03 g

Glycine   -14   .41 g

SDS (sulfato de sódio e dodecilo sulfato)   -1.0 g

pH   -8   .3

A solução foi preparada até 1000 ml com água destilada em vidro e armazenada à temperatura ambiente.

3.5.2. Preparação do gel separador (10 % p/v)

Reagente   tampão A: Tris-HCl (3 M; pH 8,8)   -2   ,50 ml
Reagente C: Acrilamida (30 % p/v) &

bisacrilamida (0,8 % p/v)   -3   ,30 ml

Reagente D: Ammonium por sulfato (10%)   -0   ,10 ml

Reagente E: Dodecyl sulfato de sódio (10% p/v)   -0   ,10 ml

Reagente F: Tetrametiletilenodiamida (TEMED)   -0   ,005 ml

Água destilada em vidro   -3   ,99 ml

Volume total   -10   ,00 ml

3.5.3. Preparação do gel de empilhamento (5 % p/v)

Reagente   tampão B: Tris-HCl (0,5 M; pH 6,8)   -0   ,38 ml

Reagente C: Acrilamida (30 % p/v) &

        bisacrilamida (0,8 % p/v)   -0   ,50 ml

Reagente D: Ammonium por sulfato (10%)   -0   ,03 ml

Reagente E: Dodecyl sulfate de sódio (10% p/v)   -0   ,03 ml

Reagente F: Tetrametiletilenodiamida (TEMED)   -0   ,003 ml

Água destilada em vidro   -2   ,05 ml

Volume total   -3   ,00 ml

3.5.4. Amostra de tampão (1X)

Tampão Tris-HCl pH 6,8-1   ,25 ml

Glicerol   -1,00 ml

10 % FDS   -3   ,00 ml

Azul de Bromofenol   -0   .01 g

O volume da solução foi perfazido até 10 ml com água destilada em vidro e armazenado à temperatura ambiente até nova utilização.

3.5.5. Polimerização da acrilamida

As placas de vidro de electroforese sem fiapos (10,0 12,0 cm) foram fixadas com espaçadores (1,0 mm) entre elas nas margens. As margens foram seladas com ágar fundido (2% p/v). As soluções de gel separador foram preparadas misturando as soluções de reserva individuais, como descrito acima, agitadas durante algum tempo e desgaseificadas durante 5 minutos. O TEMED foi adicionado à solução e vertido na ranhura entre as placas de vidro até três quartos (3/4) da altura das placas de vidro. Colocou-se uma fina camada de água sobre a solução de gel e deixou-se polimerizar à temperatura ambiente. Após a polimerização, a fina camada de água foi eliminada com papel filtro. A solução de empilhamento foi então preparada e desgaseificada e vertida sobre o gel separador e o pente de teflon foi inserido na solução de gel. Após a polimerização, o pente foi cuidadosamente removido e os poços formados foram lavados com água destilada de vidro para remover a acrilamida não polimerizada. O espaçador colocado no fundo foi removido e a placa de gel foi montada num aparelho electroforético. A amostra de proteína purificada obtida a partir do Preparativo PAGE Nativo foi misturada com tampão de amostra sem β-mercaptoetanol e fervendo e carregada em cada poço e a alimentação foi ligada, a separação das proteínas foi efectuada à temperatura ambiente até o corante azul de bromofenol atingir 5,0 mm acima do fundo do gel. O gel foi cuidadosamente retirado das placas de vidro e utilizado para o Coomassie Brilliant Blue R-250. A SDS-PAGE foi realizada utilizando os sobrenadantes brutos obtidos a partir de folhas das espécies vegetais acima descritas e com látex de *C. procera*. A electroforese foi realizada à temperatura ambiente durante 1-2 horas a uma corrente constante (150V).

3.6. Detecção da actividade lisozima em SDS-PAGE em condições não redutoras

A atividade lisozima na SDS-PAGE foi analisada seguindo o método de Audy et al, (1990). O gel separador foi incorporado com paredes celulares liofilizadas de *M. lysodeikticus* (0,2% p/v). Após a separação das proteínas o gel foi incubado em tampão fosfato de sódio, (50mM; pH5,0) com 1% (v/v) de Triton X-100 durante 16 horas a 37°C sob agitação suave. A actividade lítica da lisozima foi visualizada como uma zona transparente clara contra o fundo acinzentado. O gel foi armazenado em ácido acético a 7% (v/v) e depois fotografado.

3.7. Fraccionamento das proteínas de *C. procera* latex com sulfato de amónio

O látex foi recolhido num copo de vidro limpo, quebrando partes tenras da fábrica. Este látex foi diluído com o mesmo volume de tampão fosfato 10 mM (pH 7,0) e mantido durante a noite a 4°C. O sobrenadante foi decantado e centrifugado a 12.000g durante 20 minutos a 4°C. O sobrenadante claro foi decantado e dialisado contra tampão fosfato 10 mM (pH 7,0). O sobrenadante foi submetido a precipitação sequencial com sulfato de amónio 20, 40, 60, 80 e saturações de 95%. O granulado de proteína precipitada foi dissolvido em tampão fosfato 10 mM (pH 7,0) e dialisado contra o mesmo tampão para remover os sais de sulfato de amónio. A concentração proteica no sobrenadante foi estimada de acordo com o método de Bradford descrito abaixo e utilizado como fonte enzimática (Bradford, 1976).

4. RESULTADOS

4.1. Actividade lisozima em espécies vegetais tuberosas

4.1.1. Estimativa do teor de proteínas e da actividade lisozima em tampão de acetato de sódio (50mM; pH 5,0)

O quadro 1 e a figura 1 mostram o teor proteico solúvel em tampão dos diferentes tubérculos extraídos com tampão de acetato de sódio (50 mM; pH 5,0). Entre os tubérculos, *Solanum tuberosum* mostrou o maior teor de proteína solúvel em tampão e *Arisaema triphyllum* mostrou a maior actividade enzimática. O teor proteico de vários extractos de tubérculos pode ser organizado nas seguintes ordens: *Solanum tuberosum* > Arisaema triphyllum > Daucus *carota* > *Ipomea batatas* > *Zingiber* officinale > *Raphanus* sativus. O tubérculo de *Arisaema triphyllum* apresentou a maior actividade lisozimática (19,5 unidades/ml). A actividade lisozima nos extractos de vários tubérculos pode ser organizada de acordo com as seguintes ordens *Arisaema triphyllum* > Solanum tuberosum > Ipomea *batatas* > *Daucus carota* > *Zingiber* officinale > *Raphanus* sativus *(Fig.* 1 & Quadro. 1).

Quadro 1. Teor de proteínas e actividade lisozima das plantas tuberosas em bruto extraídas em tampão de acetato de sódio (50 mM; pH 5,0)

Sl. Não	Nome da espécie vegetal	Teor de proteínas (µg/ml)	Actividade lisozima (unidades/ml)
1.	*Raphanus sativus*	192	3.4
2.	*Daucus carota*	930	4.3
3.	*Ipomea batatas*	750	4.5
4.	*Zingiber officinale*	252	3.9
5.	*Solanum tuberosum*	3180	8.2
6.	*Arisaema triphyllum*	1035	19.4

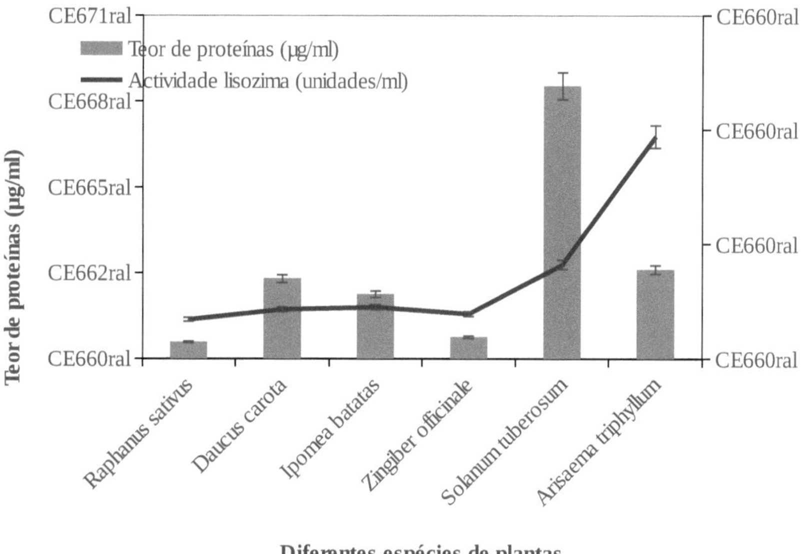

Figura 1. Teor de proteínas e actividade lisozima das plantas tuberosas em bruto extraídas em tampão de acetato de sódio (50 mM; pH 5,0)

4.1.2. Estimativa do teor de proteínas e da actividade lisozima em tampão fosfato (50 mM; pH 7,0)

O quadro 2 e a figura 2 mostram o teor de proteínas solúveis em tampão de diferentes tubérculos extraídos com tampão fosfato (50 mM; pH 7,0). Entre os tubérculos, Solanum tuberosum apresentava o maior teor de proteína solúvel em tampão e Arisaema triphyllum apresentava a menor quantidade de proteína. O teor proteico de vários extractos de tubérculos pode ser organizado nas seguintes ordens: Solanum tuberosum >Daucus carota > Ipomea batatas > Zingiber officinale > Raphanus sativus > Arisaema triphyllum. O extracto de tubérculos de Raphanus sativus mostrou a maior actividade lisozimática enquanto a Ipomea batatas mostrou a menor actividade lisozimática. A actividade lisozimática de vários extractos de tubérculos pode ser organizada de acordo com as seguintes ordens Raphanus sativus > Arisaema triphyllum > Daucus carota > Gingiber officinale > Solanum tuberosum > Ipomea batatas (Fig. 2 & Quadro. 2).

Quadro 2. Teor de proteínas e actividade lisozima das plantas tuberosas em bruto extraídas em tampão fosfato (50 mM; pH 7,0)

Sl. Não	Nome da espécie vegetal	Teor de proteínas (µg/ml)	Actividade lisozima (unidades/ml)
1.	*Raphanus sativus*	675	27.5
2.	*Daucus carota*	3480	10.6
3.	*Ipomea batatas*	2220	4.1
4.	*Zingiber officinale*	855	9.7
5.	*Solanum tuberosum*	3900	6.0
6.	*Arisaema triphyllum*	334.28	12.5

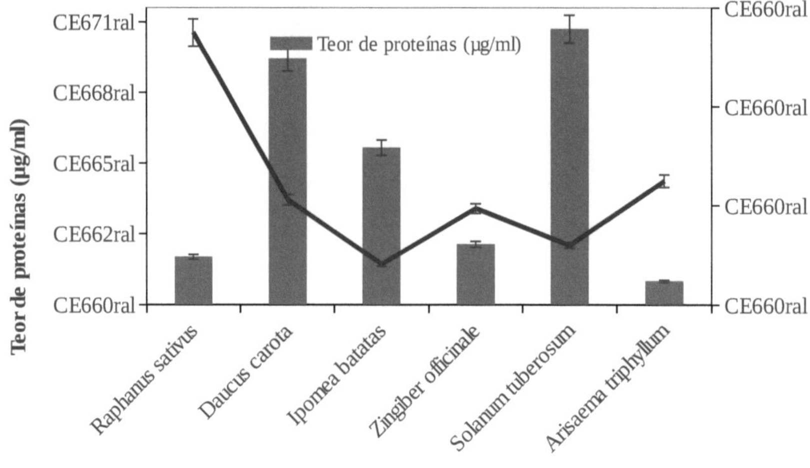

Figura 2. Teor de proteínas e actividade lisozima das plantas tuberosas em bruto extraídas em tampão fosfato (50 mM; pH 7,0)

4.1.3. Estimativa do teor de proteínas e da actividade lisozima em tampão Tris-HCl (50 mM; pH 7,0)

O quadro 3 e a figura 3 mostram o teor de proteínas solúveis em diferentes tubérculos extraídos com tampão Tris-HCL (50 mM; pH 7,0). Entre os tubérculos, *Solanum tuberosum* mostrou o maior teor de proteína solúvel em tampão e o extracto de *Arisaema triphyllum* mostrou a menor quantidade de proteína. O teor proteico de vários extractos de tubérculos pode ser organizado nas seguintes ordens: *Solanum tuberosum* > Ipomea batatas > Daucus *carota* > *Zingiber officinale* > *Raphanus* sativus > Arisaema triphyllum. O extracto de tubérculos de *Raphanus sativus* apresentou a maior actividade enzimática, enquanto a menor actividade lisozimática foi observada com o extracto de *Daucus carota*. E a actividade lisozima de vários extractos de tubérculos pôde ser organizada de acordo com as seguintes ordens *Raphanus sativus* > Arisaema triphyllum > Gingiber *officinale* > *Ipomea batatas* > *Solanum* tuberosum > *Daucus* carota (*Fig. 3 e* quadro. 3)

Quadro 3. Teor de proteínas e actividade lisozima das plantas tuberosas em bruto extraídas em tampão   Tris-HCl (50 mM; pH 7,0)

Sl. Não	Nome da espécie vegetal	Teor de proteínas (µg/ml)	Actividade lisozima (unidades/ml)
1.	*Raphanus sativus*	570	14.5
2.	*Daucus carota*	2070	2.7
3.	*Ipomea batatas*	2580	5.7
4.	*Zingiber officinale*	588	6.6
5.	*Solanum tuberosum*	4080	4.0
6.	*Arisaema triphyllum*	270	12

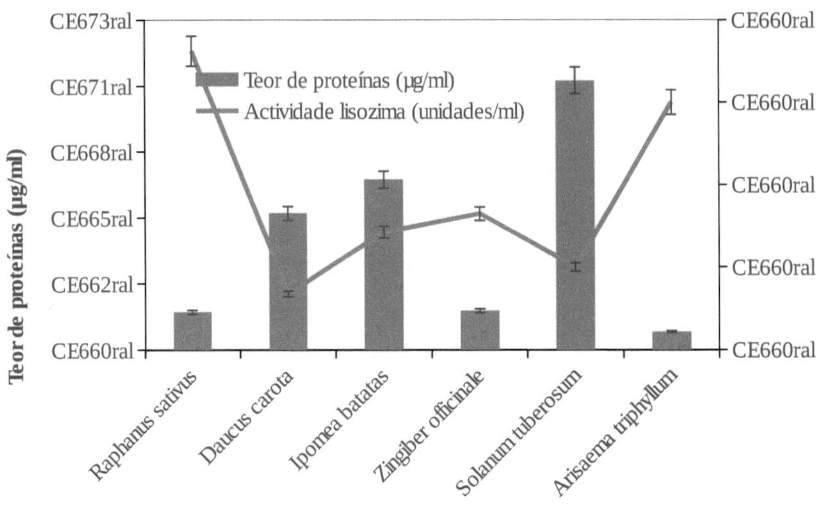

Figura 3. Teor de proteínas e actividade lisozima das plantas tuberosas em bruto extraídas em tampão Tris-HCl (50 mM; pH 7,0)

4.1.4. Estimativa do teor de proteínas e da actividade lisozima em tampão Tris-HCl (50 mM; pH 8,5)

O quadro 4 e a figura 4 mostram o teor de proteínas solúveis em diferentes tubérculos extraídos com tampão Tris-HCL (50 mM; pH 8,5). Entre os tubérculos de *Solanum tuberosum, o* maior teor de proteína solúvel em tampão e *Raphanus sativus* apresentou a maior actividade enzimática. O teor proteico de vários extractos de tubérculos pode ser organizado nas seguintes ordens: *Daucus carota* > Ipomea batatas > Zingiber *officinale* > *Raphanus sativus* > *Arisaema* triphyllum. E a actividade lisozima de vários extractos de tubérculos pode ser organizada de acordo com as seguintes ordens: *Ipomea batatas* e *Arisaema triphyllum* > Daucus carota.> Gingiber *officinale* > *Solanum tuberosum (quadro.* 4 & fig. 4). A actividade lisozima de diferentes espécies de plantas tuberosas foi calculada e construída com base na figura e no quadro (Fig. 5 e Quadro. 5).

Quadro 4. Teor de proteínas e actividade lisozima das plantas tuberosas em bruto extraídas em tampão   Tris-HCl (50 mM; pH 8,5)

Sl. Não	Nome da espécie vegetal	Teor de proteínas (µg/ml)	Actividade lisozima (unidades/ml)
1.	*Raphanus sativus*	720	24.9
2.	*Daucus carota*	1830	4.3
3.	*Ipomea batatas*	1290	10.3
4.	*Zingiber officinale*	924	5.6
5.	*Solanum tuberosum*	4680	3.6
6.	*Arisaema triphyllum*	252	5.6

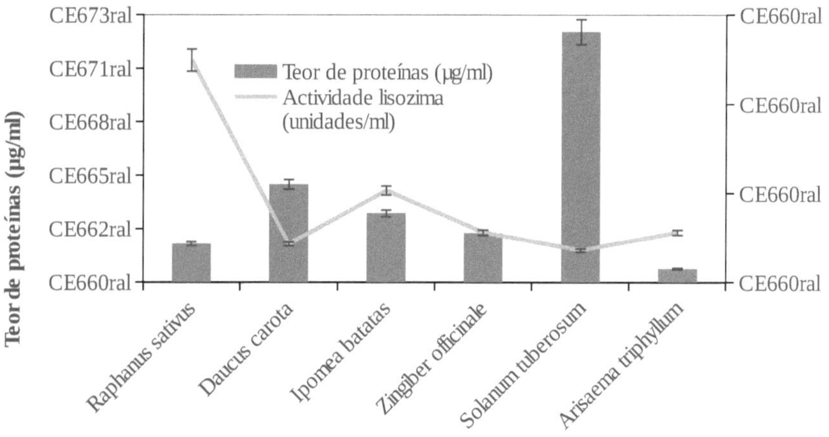

Figura 4. Teor de proteínas e actividade lisozima das plantas tuberosas em bruto extraídas em tampão   Tris-HCl (50 mM; pH 8,5)

Quadro 5. Detecção da actividade lisozima de plantas tuberosas em bruto extraídas em quatro sistemas tampão diferentes: acetato de sódio pH 5,0, fosfato pH 7,0, Tris-HCl pH 7,0 e Tris-HCl pH 8,5)

Sl. Não	Nome da espécie vegetal	Actividade lisozima (unidades/ml)			
		Acetato de sódio (pH 5,0)	Fosfato (pH 7,0)	Tris-HCL (pH 7,0)	Tris-HCL (pH 8,5)
1.	*Raphanus sativus*	3.4	27.5	14.5	24.9
2.	*Daucus carota*	4.3	10.6	2.7	4.3
3.	*Ipomea batatas*	4.5	4.1	5.7	10.3
4.	*Zingiber officinale*	3.9	9.7	6.6	5.6
5.	*Solanum tuberosum*	8.2	6.0	4.0	3.6
6.	*Arisaema triphyllum*	19.4	12.5	12	5.6

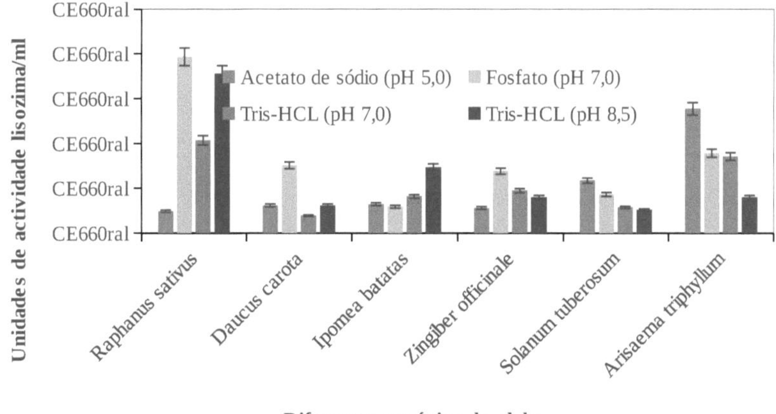

Figura 5. Actividade lisozima de plantas tuberosas extraídas em quatro sistemas tampão diferentes: acetato de sódio pH 5,0, fosfato pH 7,0, Tris-HCl pH 7,0 e Tris-HCl pH 8,5).

4.1.5. Análise SDS-PAGE de extractos de diferentes espécies de tubérculos de plantas

A figura 6 mostra o perfil proteico dos extractos de tubérculos extraídos com um tampão adequado. O extracto de *Raphanus sativus* mostrou várias proteínas de elevado peso molecular (figura 6; pista 1, ponta de seta) agregadas umas perto das outras. O extracto de *Solanum tuberosum* mostrou duas proteínas proeminentes, uma das quais cerca de 30 kDa e a outra aproximadamente 15 kDa (pista 5, ponta de seta). Foram observadas duas proteínas muito proeminentes, aproximadamente 50 e 25 kDa respectivamente, com os extractos de *Arisaema triphyllum* (Figura 6; Pista 6, pontas de seta). Embora as mesmas quantidades de proteínas fossem carregadas em cada um dos poços, os extractos de *Daucus carota, Ipomea batatas* e *Zingiber officinale* não apresentavam bandas proteicas claras no gel (Fig. 6; Pistas 2,3,&4).

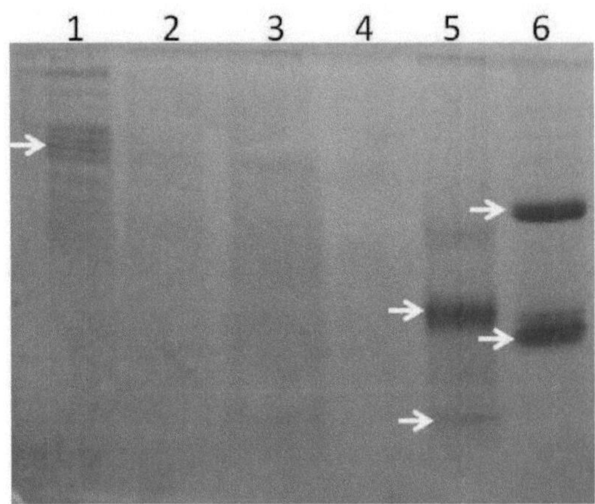

Figura 6. Perfil proteico dos extractos de diferentes espécies de tubérculos de plantas em SDS PAGE

Pistas: 1. *Raphanus sativus*; 2. *Daucus carota*; 3. *Ipomea batatas*; 4. *Zingiber officinale*;

5. *Solanum tuberosum* e 6. *Arisaema triphyllum*.* cada pista recebeu 100 µg de proteínas.

4.2. Actividade lisozima em látex de *Calotropis procera*

4.2.1. Determinação do teor proteico e da actividade lisozima do látex bruto de *Calotropis procera* a diferentes temperaturas

O quadro 6 e a figura 7 mostram o teor proteico e a actividade lisozima do látex bruto de *C. procera*. O látex foi incubado a três temperaturas diferentes, como 4°C, temperatura ambiente e 37°C durante 24 horas e o ensaio da lisozima foi realizado como descrito nos materiais e métodos. O látex incubado à temperatura ambiente apresentou a actividade lisozimática mais elevada, seguida de perto pelas amostras incubadas a 4°C e 37°C. As amostras incubadas a 4°C e a 37°C perderam a actividade enzimática a 11 e 32%, respectivamente, após 24 horas, em comparação com a amostra incubada à temperatura ambiente. Por conseguinte, foi decidido purificar parcialmente a lisozima de látex a esta temperatura.

Tabela. 6. Estimativa do teor de proteínas e da actividade lisozimática a partir de látex bruto de *Calotropis procera* a diferentes temperaturas

Sl. Não	Temperatura (°C)	Teor de proteínas (µg/ml)	Actividade lisozima (unidades/ml)
1.	30	42600	10.8
2.	4	44400	9.7
3.	37	46800	7.3

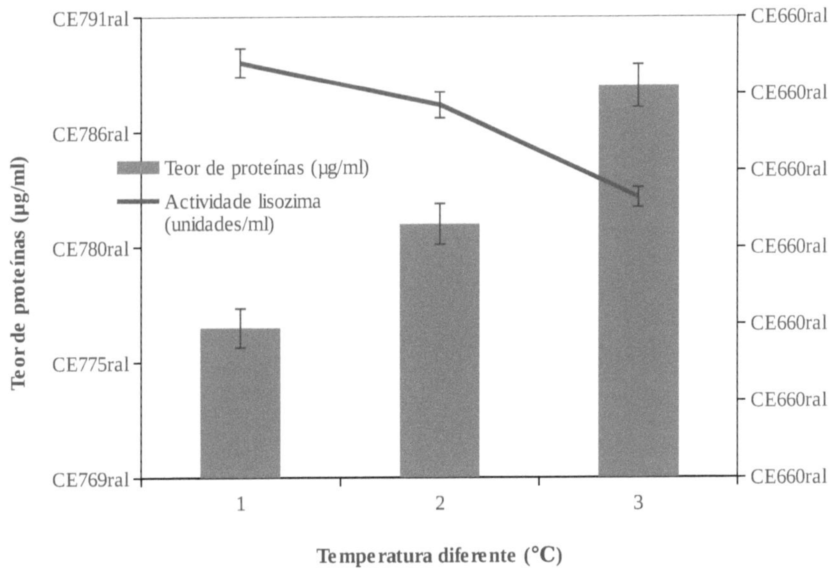

Figura 7. Teor de proteínas e actividade lisozima do látex bruto de *Calotropis procera* a diferentes temperaturas

4.2.2. Actividade lisozima de látex de *C. procera* em SDS-PAGE em condições não redutoras

Para verificar a actividade da lisozima do látex de *C. procera*, as proteínas foram incubadas a três temperaturas diferentes, tal como acima descrito, tendo sido testadas utilizando uma coloração de actividade de gel sobre SDS-PAGE em condições não redutoras. Como se pode ver na figura 8, as amostras incubadas às três temperaturas foram capazes de hidrolisar o substrato incorporado no gel e a zona lisada apareceu como zona lítica clara contra o fundo azul de Coomassie Brilliant Blue R-250 (pontas de seta). Embora as proteínas tenham hidrolisado completamente o substrato, havia três zonas de lise menos distintas e eram consistentes com as três amostras (pontas de seta).

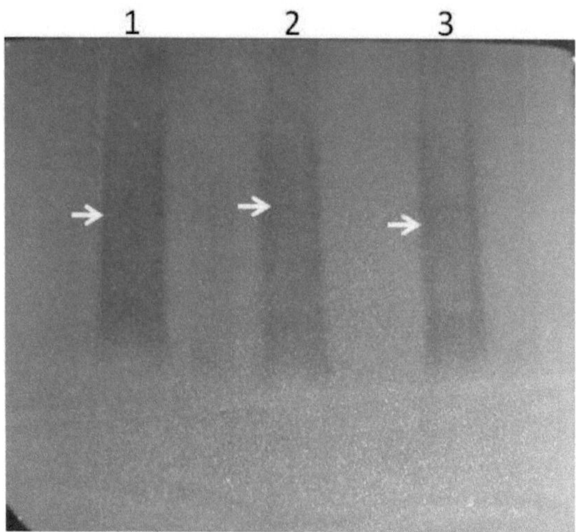

Figura 8. Coloração da actividade do gel para lisozima de látex de *C. procera* incubado a três temperaturas diferentes durante 24 h.
Pistas: 1. 37°C; **2.** 4°C; **3.** Temperatura ambiente. * Cada pista recebeu 100µg de proteína.

4.2.3. Precipitação de sulfato de amónio a partir de látex de *C. procera*

O quadro 7 e a figura 9 mostram o teor de proteínas e a actividade lisozima de fracções precipitadas de látex inteiro e sulfato de amónio. A fracção obtida após saturação de 60% produziu a maior quantidade de proteínas (1899 µg/ml) do que as outras saturações utilizadas. A quantidade de rendimento proteico pode ser disposta na seguinte ordem 60% (1899 µg) > 80% (1548 µg) > 40% (1314 µg) > 20% (702 µg) > 95% (234 µg). Como resulta do quadro 7, as proteínas obtidas após uma saturação de 95% apresentaram a maior actividade lisozimática (6,6 unidades/ml) seguida de 80% (5,3 unidades/ml), 60% (4,2 unidades/ml). A menor actividade lisozima foi observada com as proteínas precipitadas com 20% de saturação de sulfato de amónio (0,7 unidades/ml, Tabela 7 e Fig. 9).

As proteínas do látex de *C. procera* foram fraccionadas com sulfato de amónio em diferentes saturações, ou seja, 20, 40, 60, 80 e 95%, num esforço para purificar e caracterizar parcialmente as propriedades físico-químicas. As proteínas precipitadas foram recolhidas por centrifugação e as proteínas foram dialisadas contra tampão fosfato (10 mM; pH 6,0) para remover os sais. Após a diálise, a estimativa das proteínas e a actividade lisozimática foram determinadas colorimetricamente e os resultados são apresentados na tabela seguinte (Tabela. 7)

Quadro 7. Teor de proteínas e actividade lisozimática do extracto bruto e das proteínas precipitadas de sulfato de amónio a partir do látex de *C. procera*.

Sl. Não	Actividade da lisozima de sulfato de amónio e bruto	Teor de proteínas (µg/ml)	Actividade lisozima (unidades/ml)
1.	Extracto bruto	1620	0
2.	Sobrenadante	1296	2.0
3.	20% Saturação	702	0.7
4.	40% Saturação	1314	1.8
5.	60% Saturação	1899	4.2
6.	80% Saturação	1548	5.3
7.	95% Saturação	234	6.6

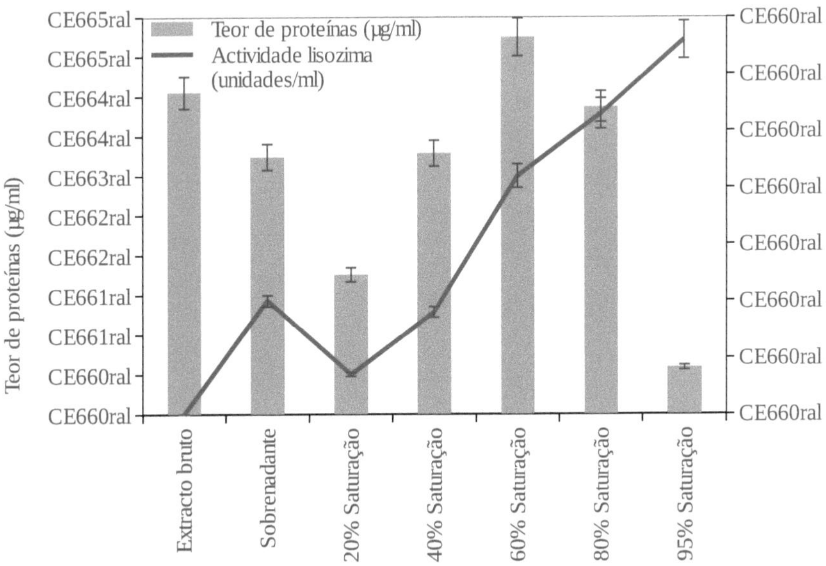

Actividade lisozima de csaturações rudes e de sulfato de amónio

Figura 9. Teor de proteínas e actividade lisozima de fracções precipitadas de látex inteiro e sulfato de amónio.

Pista: 1. látex   inteiro; **2.** sobrenadante após centrifugação do látex inteiro; **3.** 20% Saturação;

4.   40% Saturação; **5.** 60% Saturação; **6.** 80% Saturação; **7.** 95% Saturação.

4.2.4. Proteína saturada de sulfato de amónio a partir de látex de *C. procera* em SDS-PAGE

As proteínas do látex inteiro e das fracções precipitadas de supóxido de amónio foram electroforesadas em gel SDS-PAGE (10%) e as proteínas resolvidas foram coradas com Coomassie Brilliant Blue R-250. Tanto o látex inteiro como as proteínas fraccionadas com sulfato de amónio a 60, 80 e 95% de saturação apresentaram todas faixas proeminentes de proteínas de massa molecular aproximada de 20-40 kDa (Fig. 10, Pistas 1, 2, 5, 6 e 7, cabeças de seta).

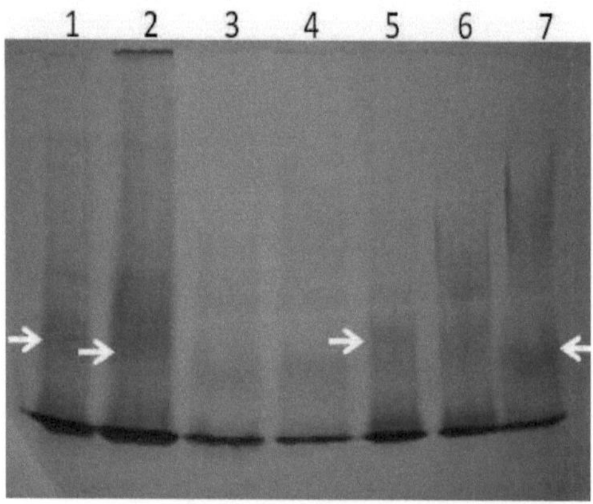

Figura 10.   Perfil proteico das proteínas precipitadas em látex inteiro e sulfato de amónio na SDS-PAGE.

Pistas: 1. látex inteiro   ; **2.** sobrenadante após centrifugação do látex inteiro; **3.** 20% Saturação;

4.   40% Saturação; **5.** 60% Saturação; **6.** 80% Saturação; **7.** 95% Saturação.

* Cada faixa recebeu 100 µg de proteínas.

4.2.5. Actividade lisozima de proteínas saturadas com sulfato de amónio em SDS-PAGE em condições não redutoras

A figura 11 mostra a actividade hidrolítica da lisozima de *C. procera* latex em SDS-PAGE incorporada com paredes celulares liofilizadas de *M. lysodeikticus*. Todo o látex, sobrenadante após centrifugação e todas as proteínas precipitadas com diferentes saturações de sulfato de amónio hidrolisaram a parede celular e as áreas lisadas pareceram transparentes contra o fundo acinzentado. A actividade lítica foi mais proeminente no látex após centrifugação (Fig. 11; Pista 2) e a proteína precipitada com sulfato de amónio a 95% de saturação (Fig. 11; Pista 7).

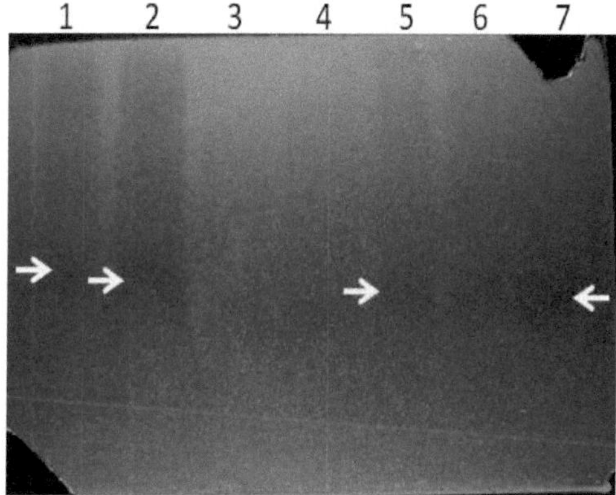

Figura 11. Actividade lisozima de látex inteiro e de proteínas precipitadas de sulfato de amónio em SDS-PAGE em condições não redutoras

Pistas: 1. látex inteiro   ; **2.** sobrenadante após centrifugação do látex inteiro; **3.** 20% Saturação;

4.   40% Saturação; **5.** 60% Saturação; **6.** 80% Saturação; **7.** 95% Saturação.

* Cada faixa recebeu 100 µg de proteínas.

5. DISCUSSÃO

A ocorrência de lisozimas tem sido bem documentada em animais e bacteriófagos, embora a sua ocorrência generalizada nas plantas tenha sido detectada bastante recentemente por Audy et al (Audy et al., 1990), não só detectaram a presença de lisozimas nas plantas superiores, mas também em espécies vegetais pertencentes às plantas inferiores, como as bryophytes, as pteridophytes e as gimnospérmicas. Como a maioria dos estudos anteriores sobre lisozima vegetal foi realizada, na sua maioria, com partes de plantas aéreas como folhas, flores e frutos, não tendo sido realizado qualquer estudo exaustivo sobre a lisozima de plantas tuberosas. Por conseguinte, foi feita uma tentativa no presente estudo para garantir a distribuição de lisozimas em plantas tuberosas como *R. sativus* (Brassicaceae), *Z. officinale* (zingiberaceae), *D. carota* (Apiaceae), *S. tuberosum* (Solanaceae), *I. batatas* (Solanaceae), *A. triphyllum* (Araceae) e do látex de *C. procera* (Asclepiadaceae).

Foi muito bem estabelecido que os lisozimas degradam o peptidoglicano que está presente na parede celular bacteriana, independentemente de as bactérias pertencerem a gramas positivas ou a gramas negativas. Vários dos agentes patogénicos das plantas bacterianas são do solo e as plantas devem obviamente ter algum tipo de mecanismo para evitar que os agentes patogénicos bacterianos causem doenças. Dado que os tubérculos armazenam energia sob a forma de amido e açúcares e podem servir como nutrientes facilmente disponíveis para as bactérias no solo, aumentando assim as hipóteses de colonização e infecção pelas bactérias. No entanto, estes tubérculos permanecem aparentemente saudáveis até serem danificados fisicamente. Dado que os tubérculos vegetais estão em contacto íntimo com o solo e as espécies bacterianas que vivem no solo, foi previsto que estes tubérculos devem produzir enzimas que actuem contra as espécies bacterianas. Por conseguinte, no presente estudo pretendeu-se detectar a presença e quantificar a lisozima em vários tubérculos de espécies vegetais como *R. sativus* (Brassicaceae), *Z. officinale* (zingiberaceae), *D. carota* (Apiaceae), *S. tuberosum* (Solanaceae), *I. batatas* (Solanaceae), *A. triphyllum* (Araceae) e do látex de *C. procera* (Asclepiadaceae). A maior parte das enzimas vegetais caracterizadas até ao momento apresentam actividades tanto de lisozima como de quitinase, pelo que é possível um papel definido da lisozima vegetal na inibição do crescimento da quitina (presente em fungos) e do peptidoglicano (presente em bactérias) que contém micróbios. Com isto em mente, foi feita uma tentativa de detectar a presença de lisozima em alguns tubérculos e também a partir do látex de *C. procera*.

Estudos anteriores revelaram que a lisozima em diferentes espécies de plantas apresenta uma actividade máxima, dependendo dos sistemas tampão utilizados. Para análise do sistema tampão que influencia a actividade da lisozima em tubérculos, os tubérculos foram extraídos com quatro tampões diferentes, como o tampão de acetato de sódio (50 mM; pH 5,0), o tampão Tris-HCl (50 mM; pH 7,0), o tampão fosfato de sódio (50 mM; pH 7,0) e o tampão Tris-HCl (50 mM; pH 8,5), tendo o teor de proteínas e a actividade lisozima sido medidos calorimetricamente, tal como descrito nos materiais e métodos. Para nossa surpresa, o extracto tuberoso de *R. sativus* mostrou a maior actividade lisozimática entre todas as espécies de plantas testadas e esta maior actividade só foi testemunhada quando o tubérculo foi extraído com tampão fosfato de sódio (50 mM; pH7).0; 27,5 unidades/ml; Fig. 2; Quadro. 2) seguido de tampão Tris-HCl (50 mM; pH8,5, 24,9 unidades/ml; Fig. 4 Quadro. 4) e tampão Tris-HCl (50 mM; pH 7,0; 14,5 unidades/ml; Fig. 3 Quadro. 3). A actividade lisozima foi drasticamente reduzida quando o extracto foi obtido com tampão de acetato de sódio (50 mM; pH 5,0; 3,4 unidades/ml; Fig. 1; Quadro. 1). Parece que a lisozima de *R. sativus* tuber prefere um pH neutro para a sua actividade óptima e também necessita de iões de sódio para o seu aumento de actividade.

Por outro lado, o extracto de tubérculos de *A. triphyllum* apresentou a sua actividade máxima quando extraído com tampão de acetato de sódio (50 mM; pH 5,0, Fig. 1; Quadro.1). Observou-se uma ligeira diminuição da actividade quando extraído com tampão de pH neutro (12,5 e 12 unidades em tampão fosfato e Tris-HCl, respectivamente, Fig. 1; Quadro.1). 2 e 3). Do mesmo modo, o extracto de *S. tuberosum* mostrou uma actividade lisozima relativamente mais elevada em tampão de acetato de sódio (50 mM; pH 5,0, Fig.1; Quadro 1) quando comparado com outros três sistemas tampão. Os extractos de *D. carota* e *Z. officinale* apresentaram ambos uma actividade lisozima mais elevada quando extraídos com tampão fosfato a pH neutro (50 mM; pH 7,0). O extracto de tubérculos de *I. batatas mostrou uma* actividade lisozima relativamente mais elevada em tampão Tris-HCl (50 mM; pH 8,5; figura 4; quadro 4), enquanto a actividade enzimática foi reduzida quando extraída com os outros três sistemas tampão e parece que esta lisozima específica requer o meio alcalino para a sua actividade máxima.

Uma vez que cada uma das espécies de plantas exibiu actividade lisozima em tampões específicos, resta saber se a lisozima nestas plantas é de tipo diferente. Se são de tipos diferentes, se funcionam de forma semelhante ou diferente são as questões a estudar em pormenor.

As proteínas extraídas de tubérculos com diferentes tampões foram electroforçadas em SDS-PAGE e coradas com Coomassie Brilliant Blue R-250. Como se observa na figura 6, o extracto de *R. sativus* mostrou um grupo de proteínas de elevado peso molecular agregadas próximas umas das outras (figura 6; pista 1; ponta de seta). Uma faixa protéica proeminente de peso molecular aproximadamente 30 kDa foi exclusivamente observada no extracto de *S. tuberosum* (Fig. 6; Pista 5). O extracto de *A. triphyllum* mostrou duas bandas proeminentes de proteínas de peso molecular de cerca de 50 e 25, respectivamente, só estavam presentes nesta planta específica (Fig. 6; Pista 6). Os extractos de *D. carota*, *I. batatas* e *Z. officinale* não apresentavam bandas claras, apesar de quantidades equivalentes de proteínas terem sido carregadas em cada poço.

A actividade lisozima também foi medida no látex de C. *procera*. Como a lisozima purificada da planta *Arachis hypogaea* perdeu rapidamente a sua actividade (dados não publicados), quisemos ver se a lisozima de *C. procera* é estável durante um período de tempo a diferentes temperaturas. O látex inteiro foi incubado a três temperaturas diferentes, como 4°C, temperatura ambiente e 37°C durante 24 horas. Em seguida, foram testados para a actividade da lisozima de forma calorimétrica, bem como através do método de coloração por actividade enzimática. Como se pode ver na figura 8, a enzima permaneceu activa nas três temperaturas após 24 horas. Concluiu-se que a lisozima de *C. procera* não é termo-rápida.

Após verificação da estabilidade térmica da lisozima de *C. procera*, o objectivo era purificar parcialmente a enzima e estudar as propriedades físico-químicas. Por conseguinte, as proteínas do látex foram precipitadas sequencialmente com sulfato de amónio. Como é evidente nas figuras 10 e 11, as proteínas precipitadas com saturação de 95% mostraram uma actividade lítica relativamente maior do que as proteínas precipitadas com saturações de 20,40,60 e 80%. Evidentemente as proteínas precipitadas com saturação a 95% tinham um nível de proteína com peso molecular aproximado de 15 kDA (Fig. 10 e 11; Pista 7, ponta de seta). É evidente pelos resultados que a lisozima de *C. procera* é especificamente precipitada com 95% de saturação de sulfato de amónio e pode ser utilizada para posterior purificação. As experiências estão em curso para purificar e caracterizar completamente a enzima.

6. CONCLUSÃO

O extracto de tubérculos de todas as espécies vegetais utilizadas no estudo revelou actividade lisozima confirmando a presença ubíqua de lisozima nas plantas. Entre as diferentes plantas rastreadas quanto ao teor proteico, o extracto de tubérculos de *S. tuberosum* apresentou a proteína solúvel em tampão mais elevada, enquanto o extracto de tubérculos de *R. sativus* apresentou o menor teor proteico em tampão de acetato de sódio (50 mM; pH 5,0). O extracto de tubérculos de *R. sativus apresentou* a maior actividade lisozima entre todas as espécies vegetais testadas neste estudo e a actividade aumentou quando o tubérculo foi extraído com tampão de fosfato de sódio (50 mM; pH 7,0). A lisozima mais baixa foi observada com o extracto de tubérculos de *D. carota* em tampão fosfato (50 mM; pH 7,0). A lisozima de *C. procera* latex não é termo-rápida. Não perdeu muita da sua actividade quando o látex foi incubado a diferentes temperaturas durante 24 horas. Um ponteiro positivo para a purificação desta enzima no futuro. *C. procera* lysozyme pode ser especificamente isolada e purificada a partir do látex inteiro com precipitação de sulfato de amónio com saturação de 95%. *C. procera* lysozyme manteve a sua actividade mesmo após precipitação com sulfato de amónio e diálise e pode hidrolisar a parede celular de *M. lysodeickticus*.

7. BIBLIOGRAFIA

Agrawal, A.A., Konno, K., 2009. Latex: A Model for Understanding Mechanisms, Ecology, and Evolution of Plant Defense Against Herbivory. Annu. Rev. Ecol. Evol. Syst. 40, 311-331. https://doi.org/10.1146/annurev.ecolsys.110308.120307

Al-Baarri, A.N.M., Legowo, A.M., Arum, S.K., Hayakawa, S., 2018. Prolongamento da vida útil do queijo de leite mole indonésio (Dangke) pelo sistema Lactoperoxidase e Lysozyme. Int. J. Food Sci. https://doi.org/10.1155/2018/4305395

Alhazmi, A., Stevenson, J.W., Amartey, S., Qin, W., 2014. Descoberta, modificação e produção de lisozima T4 para usos industriais e médicos. Int. J. Biol. https://doi.org/10.5539/ijb.v6n4p45

Arya, S., Kumar, V.L., 2005. Eficácia anti-inflamatória de extractos de látex de Calotropis procera contra diferentes mediadores da inflamação. Mediadores Inflamam. https://doi.org/10.1155/MI.2005.228

Audy, P., Benhamou, N., Trudel, J., Asselin, A., 1988a. Immunocytochemical Localization of a Wheat Germ Lysozyme in Wheat Embryo and Coleoptile Cells and Cytochemical Study of Its Interaction with the Cell Wall. Fisiol Vegetal. https://doi.org/10.1104/pp.88.4.1317

Audy, P., Le Quéré, D., Leclerc, D., Asselin, A., 1990. Formas electroforéticas da actividade lisozimática em várias espécies vegetais. Fitoquímica 29, 1143-1159. https://doi.org/10.1016/0031-9422(90)85419-G

Audy, P., Trudel, J., Asselin, A., 1988b. Purificação e caracterização de um lisozoma a partir de gérmen de trigo. Plant Sci. https://doi.org/10.1016/0168-9452(88)90152-5

Bates, R., Craze, M., Wallington, E.J., 2017. Agrobacterium -Mediated Transformation of Oilseed Rape (Brassica napus) . Moeda. Protoc. Plant Biol. https://doi.org/10.1002/cppb.20060

Beintema, J.J., Terwisscha van Scheltinga, A.C., 1996. Lysozymes de plantas. EXS. https://doi.org/10.1007/978-3-0348-9225-4_5

Bernasconi, P., Locher, R., Pilet, P.E., Jollès, J., Jollès, P., 1987. Purificação e sequência N-terminal amino-ácida de uma lisozima básica de Parthenocissus quinquifolia cultivada in vitro. Biochim. Biófilas. Acta (BBA)/Estrutura proteica. Mol. https://doi.org/10.1016/0167-4838(87)90307-4

Bernasconi, P., Pilet, P.E., Joliés, P., 1985. Purificação numa etapa da lisozima de uma planta a partir de culturas in vitro de Rubus hispidus. FEBS Lett. https://doi.org/10.1016/0014-5793(85)80721-3

Bernier, I., Van Leemputten, E., Horisberger, M., Bush, D. a., Jollès, P., 1971. A lisozima do nabo. FEBS Lett. 14, 100–104.

Bradford, M.M., 1976. Um método rápido e sensível para a quantificação de quantidades de microgramas de proteínas, utilizando o princípio da ligação proteína-dye. Anal. Biochem. 72, 248-254. https://doi.org/10.1016/0003-2697(76)90527-3

Canfield, R.E., 1963. The Amino Acid Secpence of Egg White Lysozyme Downloaded from, THE JOURNAL OF BIOLOQICAL CHEMISTRY.

Carrillo, W., García-Ruiz, A., Recio, I., Moreno-Arribas, M. V., 2014. Actividade antibacteriana da lisozima da clara de ovo modificada pelo calor e tratamentos enzimáticos contra bactérias lácticas enológicas e bactérias do ácido acético. J. Food Prot. https://doi.org/10.4315/0362-028X.JFP-14-009

Castelblanque, L., Balaguer, B., Martí, C., Rodríguez, J.J., Orozco, M., Vera, P., 2017. Facetas múltiplas das células laticifer. Sinal Vegetal. Comportamento: https://doi.org/10.1080/15592324.2017.1300743

Chandan, R.C., Ereifej, K.I., 1981. Determination of Lysozyme in Raw Fruits and Vegetables (Determinação da lisozima em frutas e legumes crus). J. Food Sci. 46, 1278-1279. https://doi.org/10.1111/j.1365-

2621.1981.tb03042.x

Damodaran, S., 2017. Aminoácidos, peptídeos e proteínas, em: Fennema's Food
Chemistry. https://doi.org/10.1201/9781315372914

Düring, K., 1993. Os lisozimas podem mediar a resistência antibacteriana nas
plantas? Planta Mol. Biol. https://doi.org/10.1007/BF00021432

Ereifej, K.I., Markakis, P., 1980. Couve-flor lisozima. J. Food Sci.
https://doi.org/10.1111/j.1365-2621.1980.tb07612.x

Fleming, A., 1922. On a Remarkable Bacteriolytic Element Found in Tissues
and Secretions. Proc. R. Soc. B Biol. Sci. 93, 306-317.
https://doi.org/10.1098/rspb.1922.0023

Glazer, a N., Barel, a O., Howard, J.B., Brown, D.M., 1969. Isolamento e
caracterização da lisozima da figueira. J. Biol. Chem. 244, 3583–9.

Glazer, A.N., Barel, A.O., Howard, J.B., Brown, D.M., 1969. Isolamento e
caracterização da lisozima da figueira. J. Biol. Chem.

Haran, S., Schickler, H., Oppenheim, A., Chet, I., 1995. Novos componentes do
sistema quitinolítico de Trichoderma harzianum. Mycol. Res.
https://doi.org/10.1016/S0953-7562(09)80642-4

Howard, J.B., Glazer, A.N., 1969. Lisozyme de papaia. Sequências terminais e
propriedades enzimáticas. J. Biol. Chem.

Howard, J.B., Glazer, A.N., 1967. Estudos sobre as propriedades físico-
químicas e enzimáticas da lisozima da papaia. J. Biol. Chem. 242, 5715–
5723.

Ibrahim, H.R., 1998. On the novel catalytically-independent antimicrobial
function of henky egg-white lysozyme: A conformation-dependent activity.
Nahrung - Food. https://doi.org/10.1002/(sici)1521-
3803(199808)42:03/04<187::aid-food187>3.3.co;2-6

James Brockbank, W., Lynn, K.R., 1979. Purificação e caracterização
preliminar de duas asclepains do látex de Asclepias syriaca L. (Milkweed).
BBA - Estrutura Proteica. 578, 13-22. https://doi.org/10.1016/0005-

2795(79)90107-7

Jolles, P., Jolles, J., 1984. O que há de novo na investigação da lisozima? Mol. Cell. Biochem. https://doi.org/10.1007/bf00285225

Keller, H., Pamboukdjian, N., Ponchet, M., Poupet, A., Delon, R., Verrier, J.L., Roby, D., Ricci, P., 1999. A produção de elicitina induzida por patógenos no tabaco transgénico gera uma resposta hipersensível e uma resistência não específica a doenças. Célula vegetal. https://doi.org/10.1105/tpc.11.2.223

Kumar, S., Dewan, S., Sangraula, H., Kumar, V.L., 2001. Actividade anti-diarreica do látex de Calotropis procera. J. Ethnopharmacol. https://doi.org/10.1016/S0378-8741(01)00219-7

LAEMMLI, 1970. Cleavage of Structural Proteins during the Assembly of the Head of Bacteriophage T4. Natureza 227, 680-685. https://doi.org/10.1038/227680a0

Leclerc, D., Asselin, A., 1989. Detecção de hidrolases da parede celular bacteriana após electroforese em gel de poliacrilamida desnaturada. Lata. J. Microbiol. https://doi.org/10.1139/m89-125

Lewinsohn, T.M., 1991. A distribuição geográfica do látex vegetal. Quimioecologia. https://doi.org/10.1007/BF01240668

Liburdi, K., Benucci, I., Esti, M., 2014. Lysozyme in Wine: Uma visão geral das aplicações actuais e futuras. Abr. Rev. Food Sci. Food Saf. https://doi.org/10.1111/1541-4337.12102

Liu, X.X., Lang, S.R., Su, L.Q., Liu, X., Wang, X.F., 2015. Melhoria da transformação mediada por Agrobacterium e elevada eficiência da formação de raízes a partir do meristema hipocótilo da cultivar "precocidade" Brassica napus da Primavera. Genet. Mol. Res. https://doi.org/10.4238/2015.December.14.11

Lottmann, J., Heuer, H., Smalla, K., Berg, G., 1999. Influência das plantas transgénicas produtoras de T4-lisozima da batata em bactérias potencialmente benéficas associadas às plantas. FEMS Microbiol. Ecol. https://doi.org/10.1016/S0168-6496(99)00032-X

Lynn, K.R., 1989. Quatro lisozimas de látex de Asclepias syriaca. Fitoquímica. https://doi.org/10.1016/S0031-9422(00)97743-4

Martin, M.N., 1991. O Látex de Hevea brasiliensis contém altos níveis de quitinases e quitinases/ysozymes. Fisiol Vegetal. 95, 469-76. https://doi.org/10.1104/pp.95.2.469

Mayer, R.T., McCollum, T.G., Niedz, R.P., Hearn, C.J., McDonald, R.E., Berdis, E., Doostdar, H., 1996. Caracterização de sete endoquitinases básicas isoladas de culturas celulares de Citrus sinensis (L.). Planta. https://doi.org/10.1007/BF00200295

Meyer, K., Hahnel, E., Steinberg, A., 1946. Lisozima de origem vegetal. J. Biol. Chem.

Mihelič, M., Vlahoviček-Kahlina, K., Renko, M., Mesnage, S., Doberšek, A., Taler-Verčič, A., Jakas, A., Turk, D., 2017. O mecanismo por detrás da selecção de dois sítios de clivagem diferentes em polímeros NAG-NAM. IUCrJ. https://doi.org/10.1107/S2052252517000367

Möder, W., Bunk, A., Albrecht, A., Doostdar, H., Niedz, R.P., McDonald, R.E., Mayer, R.T., Osswald, W.F., 1999. Caracterização de quitinases ácidas a partir de meio de cultura de tecido de calo alaranjado doce. J. Plant Physiol. https://doi.org/10.1016/S0176-1617(99)80171-0

Monti, R., Basilio, C.A., Trevisan, H.C., Contiero, J., 2000. Purificação da papaína de látex fresco de papaia Carica. Arco brasileiro. Biol. Technol. https://doi.org/10.1590/s1516-89132000000500009

Nakajima, H., Muranaka, T., Ishige, F., Akutsu, K., Oeda, K., 1997. Resistência a doenças fúngicas e bacterianas em plantas transgénicas que expressam lisozima humana. Rep. Células Vegetais https://doi.org/10.1007/s002990050300

Neu, H.C., 1985. Alexander Fleming: O Homem e o Mito. JAMA J. Am. Med.

Assoc. https://doi.org/10.1001/jama.1985.03350280139041

Pintor, T.J., Christensen, B.E., 2003. Relativamente às propriedades curativas da Sphagnum holocellulose: A reacção de Maillard em farmacologia. J. Ethnopharmacol. https://doi.org/10.1016/S0378-8741(03)00189-2

Parisien, A., Allain, B., Zhang, J., Mandeville, R., Lan, C.Q., 2008. Novas alternativas aos antibióticos: Bacteriófagos, hidrolases da parede celular bacteriana e peptídeos antimicrobianos. J. Appl. Microbiol. https://doi.org/10.1111/j.1365-2672.2007.03498.x

Price, J.S., Storck, R., 1975. Produção, purificação e caracterização de uma quitosanase extracelular de Streptomyces. J. Bacteriol. https://doi.org/10.1128/jb.124.3.1574-1585.1975

Schalk, K., Lexhaller, B., Koehler, P., Scherf, K.A., 2017. Isolamento e caracterização de tipos de proteínas de glúten de trigo, centeio, cevada e aveia para utilização como materiais de referência. PLoS One. https://doi.org/10.1371/journal.pone.0172819

Serrano, C., Arce-Johnson, P., Torres, H., Gebauer, M., Gutierrez, M., Moreno, M., Jordana, X., Venegas, A., Kalazich, J., Holuigue, L., 2000. A expressão do gene da lisozima da galinha na batata aumenta a resistência à infecção por Erwinia carotovora subsp. atroseptica. Am. J. Potato Res. https://doi.org/10.1007/BF02853944

Shahmohammadi, A., 2018. Separação lisozima da clara de ovo de galinha: uma revisão. Eur. Food Res. Technol. https://doi.org/10.1007/s00217-017-2993-0

Sharon, N., 1967. A estrutura química dos substratos lisozimicos e a sua clivagem pela enzima. Proc. R. Soc. London. Ser. B. Biol. Sci. https://doi.org/10.1098/rspb.1967.0037

Shattock, J., 2002. Plant Pathologist's Pocketbook, Terceira edição . Plant Pathol. https://doi.org/10.1046/j.1365-3059.2002.06933.x

Simpson, R.J., Begg, G.S., Dorow, D.S., Morgan, F.J., 1980. Sequência completa de aminoácidos da lisozima tipo Goose-Type do Ovo Branco do Cisne Negro. Bioquímica. https://doi.org/10.1021/bi00550a013

Smith, E.L., Kimmel, J.R., Brown, D.M., Thompson, E.O., 1955. Isolamento e propriedades de um derivado cristalino de mercúrio de uma lisozima de látex de papaia. J. Biol. Chem.

Suresh Babu, A.R., Karki, S.S., 2011. Actividade anti-inflamatória de vários extractos de raízes de Calotropis procera contra diferentes modelos inflamatórios. Int. J. Pharm. Pharm. Sci.

Takakura, Y., Ishida, Y., Inoue, Y., Tsutsumi, F., Kuwata, S., 2004. Indução de uma reacção do tipo resposta hipersensível pelo oídio no tabaco transgénico expressando harpin pss. Fisiol. Mol. Plant Pathol. https://doi.org/10.1016/j.pmpp.2004.06.002

Tullio, V., Roberta, S., Manuela, P., 2015. Lysozymes, no reino animal, em: Humanos e Mosquitos Lysozymes: Old Molecules for New Approaches Against Malaria. https://doi.org/10.1007/978-3-319-09432-8_3

Vollmer, W., Blanot, D., De Pedro, M.A., 2008. Estrutura e arquitectura Peptidoglycan. FEMS Microbiol. Rev. https://doi.org/10.1111/j.1574-6976.2007.00094.x

Wang, S., Ng, T.B., Chen, T., Lin, D., Wu, J., Rao, P., Ye, X., 2005. Primeiro relatório de uma nova lisozima vegetal com actividades antifúngicas e antibacterianas. Biochem. Biofísica. Res. Commun. https://doi.org/10.1016/j.bbrc.2004.12.077

Wang, S., Shao, B., Chang, J., Rao, P., 2011. Isolamento e identificação de uma lisozima vegetal de Momordica charantia L. Eur. Food Res. Technol. 232, 613-619. https://doi.org/10.1007/s00217-011-1424-x

Weaver, L.H., Grütter, M.G., Remington, S.J., Gray, T.M., Isaacs, N.W., Matthews, B.W., 1985. A comparação de lisozimas do tipo ganso, do tipo galinha e do tipo fago ilustra as mudanças que ocorrem tanto na sequência de aminoácidos como na estrutura tridimensional durante a evolução. J.

Mol. Evol. https://doi.org/10.1007/BF02100084

Whistler, R.L., 1962. Biochemists' handbook (Long, Cyril, ed.). J. Chem. Educ. https://doi.org/10.1021/ed039pa322

Zare, H., Moosavi-Movahedi, A.A., Salami, M., Mirzaei, M., Saboury, A.A., Sheibani, N., 2013. Purificação e autólise das isoformas da ficina de figo (Ficus carica cv. Sabz) látex. Fitoquímica. https://doi.org/10.1016/j.phytochem.2012.12.006

Zhang, C., Lillie, R., Cotter, J., Vaughan, D., 2005. Purificação lisozima de extracto de tabaco por precipitação de polielectrólito, in: Journal of Chromatography A. pp. 107-112. https://doi.org/10.1016/j.chroma.2004.10.018

Zhao, W., Yang, R., 2010. Estudo experimental das alterações conformacionais da lisozima em solução induzidas pelo campo eléctrico pulsante e tensões térmicas. J. Física Química. B. https://doi.org/10.1021/jp9081189

Printed by Books on Demand GmbH, Norderstedt / Germany